经典科普图鉴系列

飞机

[美] 雷欧·马里奥特◎著

杨　柳◎编译

吉林科学技术出版社

World War II Aircraft

Copyright © 2013 TAJ Books International LLC

All Rights Reserverd

Simplified Chinese edition © Jilin Science & Technology Publishing House 2021

吉林省版权局著作合同登记号：

图字　07-2015-4457

图书在版编目（CIP）数据

飞机 /（美）雷欧·马里奥特著；杨柳编译 . — 长
春：吉林科学技术出版社，2021.1
（经典科普图鉴系列）
书名原文：Aircrafts
ISBN 978-7-5578-5319-8

Ⅰ . ①飞… Ⅱ . ①雷… ②杨… Ⅲ . ①飞机－儿童读
物 Ⅳ . ① V271-49

中国版本图书馆 CIP 数据核字（2020）第 246461 号

飞机

FEIJI

著　　者	[美]雷欧·马里奥特
编　　译	杨　柳
出 版 人	宛　霞
责任编辑	潘竞翔　郭　廓
制　　版	长春美印图文设计有限公司
幅面尺寸	260 mm×250 mm
开　　本	12
印　　张	12
页　　数	144
字　　数	150千
印　　数	1-6 000册
版　　次	2021年1月第1版
印　　次	2021年1月第1次印刷

出　　版　吉林科学技术出版社
发　　行　吉林科学技术出版社
地　　址　长春市福祉大路5788号
邮　　编　130118
发行部电话 / 传真　0431-81629529　81629530　81629531
　　　　　　　　　　81629532　81629533　81629534
储运部电话　0431-86059116
编辑部电话　0431-81629520
印　　刷　长春新华印刷集团有限公司

书　　号　ISBN 978-7-5578-5319-8
定　　价　49.00元

目 录

轰炸机

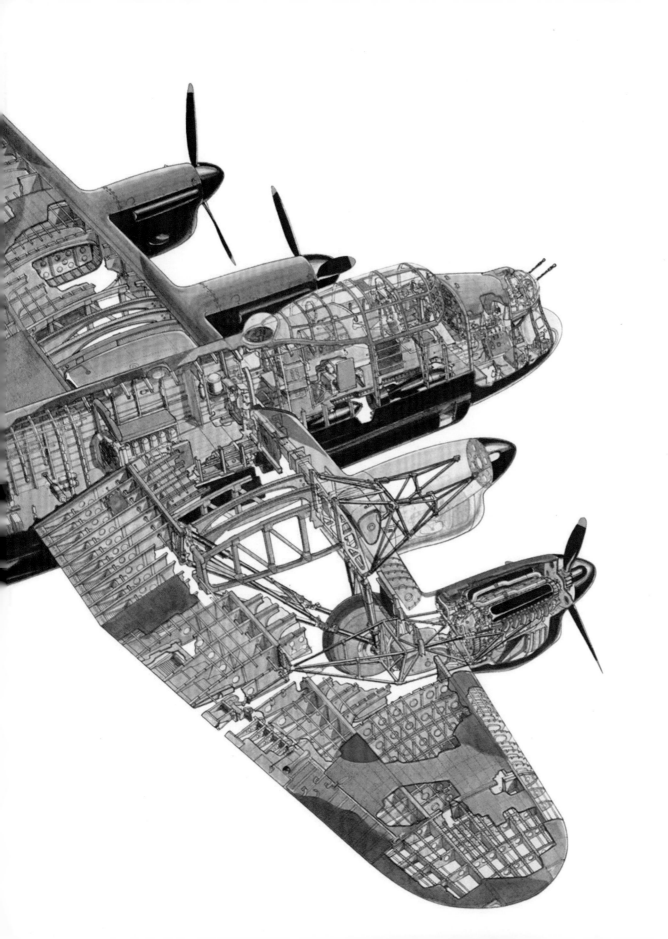

日本爱知 D3A99 式舰载俯冲轰炸机

★ 海军俯冲轰炸机

　　日本在 1941 年 12 月 7 日偷袭珍珠港时的先锋攻击力量就是爱知 D3A1 俯冲轰炸机。爱知轰炸机的威力体现在太平洋战争的前 12 个月里，它们以惊人的速度击沉了大量的军舰。

　　根据日本海军在 1936 年提出的开发需求，爱知设计团队以传统老式轰炸机为模板，且深受德国战机影响，研发过程中有意识地保留了固定式起落架，此举为的是削弱和保护全金属机身在俯冲轰炸过程中所要应对的极其强烈的压力。1937 年 12 月，D3A 样机搭载一个来自中岛战机 529 305 瓦的星型发动机参与了飞行试验，试验效果并不理想，随后被动力更强劲的三菱"金星"2 862 720 瓦引擎取代，这款引擎更适合战机使用。在之后的实战中，D3A 被证实有很强的机动性，以至于偶尔被用作战斗机。

参　数

机组人员：2 人

长　　度：10.21 米

高　　度：3.8 米

翼　　展：14.39 米

最大速度：430 千米 / 时

最大航程：1 352 千米

升高限度：10 500 米

武　　器：固定前射机枪 2 挺，灵活后射 7.7
　　　　　毫米机枪 1 挺，机身中央携带
　　　　　250 千克炸弹 1 枚，机翼下方加
　　　　　载 60 千克炸弹 2 枚。

阿拉多 Ar-234 闪电式轰炸机

★ 双引擎／四引擎喷气式轰炸机

德国在喷气飞机的发展上领先于反法西斯同盟国家，还成功地将一架喷气式轰炸机投入了战争。这就是阿拉多 Ar-234 轰炸机，它的出现缘于 1940 年德国航空部要求生产一架以涡轮喷气发动机为动力源的高速侦察机，并在生产后进行测试。最终阿拉多的设计采用了一个特殊的简洁机身，飞行员的密封驾驶舱被安置在非常靠前的位置，宽阔的玻璃窗让其能见度达到

最大。为了减少重量并有更多空间储存燃料而安装了一个传统的起落架，可伸缩的起落架被安装在了机身和发动机短舱的下方。

虽然前两架 Ar-234 在 1941 年初就完成了机身制造，但直到 1943 年才有了第一次试飞。

最初，Ar-234 被用作侦察飞机，不受阻碍地在英国上空飞行。作为轰炸机使用是在 1944 年 10 月。

参　数

机组人员：1 人

长　　度：12.7 米

高　　度：4.3 米

翼　　展：14.1 米

最大速度：742 千米 / 时

最大航程：1 630 千米

升高限度：9 997 米

装　　备：2 门 20 毫米口径的机枪，最大
　　　　　负载 2 000 千克炸弹。

阿弗罗"兰开斯特"轰炸机

阿弗罗"兰开斯特"是二战中最具标志性的英国四引擎重型轰炸机之一。

"兰开斯特"轰炸机于1941年首次飞行,并于1942年服役。1941年"兰开斯特"轰炸机成为二战中最成功的夜间轰炸机之一,在超过156 000次战时任务中投放了超过608 000吨炸弹。即使在战后,"兰开斯特"轰炸机仍在20世纪50年代早期被英国空军用作侦察机和救援飞机。

"兰开斯特"轰炸机是阿弗罗"曼彻斯特"轰炸机的后续产物。"曼彻斯特"轰炸机是1939年发明的双引擎重型轰炸机。在经历了一系列劳斯莱斯"秃鹫"引擎产生的故障后,"曼彻斯特"轰炸机最终在1942年退出现役。

★ 7座重型轰炸机

参　数

机组人员：7 人

长　　度：21.2 米

高　　度：6 米

翼　　展：31.1 米

最大速度：462 千米 / 时

最大航程：2 672 千米

升高限度：7 468 米

武　　器：10 挺 7.7 毫米口径机枪，若
　　　　　干 6 350 千克重的炸弹，1 枚
　　　　　9 979 千克重的炸弹。

波音 B-17 "飞行堡垒" 轰炸机

★ 重型轰炸机

波音 B-17 "飞行堡垒" 是美国在二战期间使用的一种重型轰炸机。B-17 轰炸机主要用作打击德国军事目标的日间精密轰炸机，后来发展成为美国最具标志性的轰炸机之一，投放的炸弹比其他任何飞机都要多。

B-17 轰炸机是在 1934 年一场为美国陆军航空队举行的竞赛期间设计出来的。美国需要一种可以用于海岸防御的多引擎轰炸机。波音团队开始研制原型机，并于 1935 年 7 月 28 日首次试飞了这款新机型。

除了 "兰开斯特" 轰炸机，B-17 轰炸机也是二战中最著名的重型轰炸机之一。到 1945 年 5 月停止生产时，已经生产了 12 726 架 B-17 轰炸机。

参　数

机组成员：10 ~ 13 人

长　　度：22.7 米

高　　度：5.8 米

翼　　展：31.7 米

最大速度：462 千米 / 时

最大航程：3 219 千米

升高限度：10 912 米

武　　器：12.77 毫米机枪附加最大限度 7 983
　　　　　千克重的炸弹，正常负载 2 722 千克
　　　　　重的炸弹，最大的炸弹是 907 千克。

波音 B-29 "超级空中堡垒" 轰炸机

★ 重型轰炸机

B-29 "超级空中堡垒" 轰炸机被作为 B-17 和 B-24 轰炸机的替代品设计出来。在当时被认为是终极轰炸机，是一架技术复杂的飞机，引入了一些新概念，比如远程控制的炮塔、一个加压的机舱和一个电火控制系统。其名字 "超级空中堡垒" 是从它的前身 B-17 "飞行堡垒" 演变而来。

生产 B-29 是一项非常困难的任务，一些人认为波音公司太过雄心勃勃，后期无法进行管理。建造工程如此之大，以至于它被分布在 4 个主要的装配厂，也涉及了许多转包商。

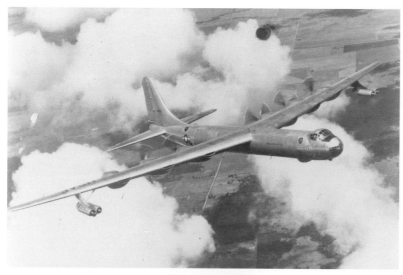

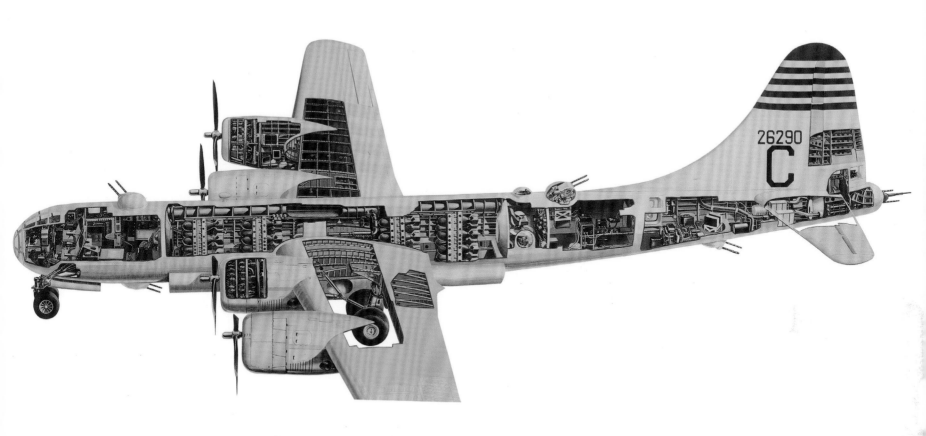

参　数

机组成员：11 人

长　　度：30 米

高　　度：9.1 米

翼　　展：43.1 米

最大速度：575 千米 / 时

最大航程：5 230 千米

升高限度：10 241 米

武　　器：8 挺或 12 挺 12.7 毫米口径机枪，
　　　　　1 门 20 毫米口径机炮（后取消），
　　　　　最大负载 9 072 千克重的炸弹。

18

布里斯托尔－布伦海姆轰炸机

★ 轻型轰炸机

布里斯托尔－布伦海姆轰炸机于1937年在英国空军服役。这款轻型轰炸机由布里斯托尔飞机公司设计制造，主要用于二战的前几年。这是英国第一架拥有全金属外壳的飞机。

不幸的是，在战争开始的时候，航空技术已经进步，布伦海姆轰炸机被许多人认为是过时的。比它更新的战斗机在战斗中被证明要快很多，因此布伦海姆必须进行装备更新。

在这段时间里，布伦海姆轰炸机参与了许多英国空军执行的任务，但因其速度太慢、装备太差，无法抵挡敌人的战斗机。在一些任务中的伤亡率几乎是100%，很少有飞机返回基地。

参　数

机组成员：3 人

长　　度：13.01 米

高　　度：2.8 米

翼　　展：17.2 米

最大速度：428 千米 / 时

最大航程：2 350 千米

升高限度：8 310 米

武　　器：3 挺 8.38 毫米勃朗宁机枪，4 枚
　　　　　113 千克重的炸弹或 2 枚 227 千克
　　　　　重的炸弹，以及携带 8 枚 18 千克
　　　　　重的翼下安装炸弹。

联合 B-24 "解放者" 轰炸机

★ 重型远程战略轰炸机

联合 B-24 "解放者" 是美国产重型轰炸机，其生产数量超过了二战中其他美国飞机的生产数量。与 B-17 飞行堡垒相比，B-24 轰炸机具有更现代的设计、更高的速度和更强的炸弹装载能力。

B-24 轰炸机是按照美国陆军航空队的要求设计的，第一架原型机于 1939 年 12 月 29 日首飞。

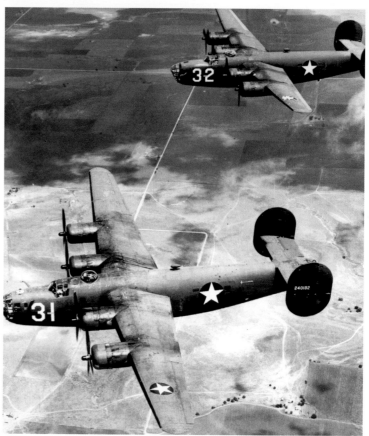

参 数

机组成员：10 人

长　　度：20.5 米

高　　度：5 米

翼　　展：34 米

最大速度：467 千米 / 时

最大行程：3 541 千米

升高限度：8 534 米

武　　器：6 挺 12.7 毫米口径机枪，4 挺 7.70
　　　　　毫米口径机枪；内部装载 3 629 千克
　　　　　重的炸弹，配备外部炸弹支架。

柯蒂斯SB2C "地狱俯冲者" 轰炸机

★ 俯冲轰炸机

柯蒂斯SB2C "地狱俯冲者" 是美国生产的俯冲轰炸机，在二战期间服役。它最终取代了老化的道格拉斯SBD "无畏" 式俯冲轰炸机。尽管尺寸大，但它的速度却很快。"地狱俯冲者" 成为美国海军主要使用的飞机。它的最高速度为473千米／时，最大航程为1 931千米，是太平洋战争中美军的重要武器。

"地狱俯冲者" 主要由金属制造，采用低单翼设计，这使得两名机组成员可以在长驾驶舱里坐在一起。

在战争的这一阶段，"地狱俯冲者" 轰炸机成为美国航空母舰上唯一使用的轰炸机。从1944年底到战争结束，它给敌人的运输和设备造成了巨大的损失。

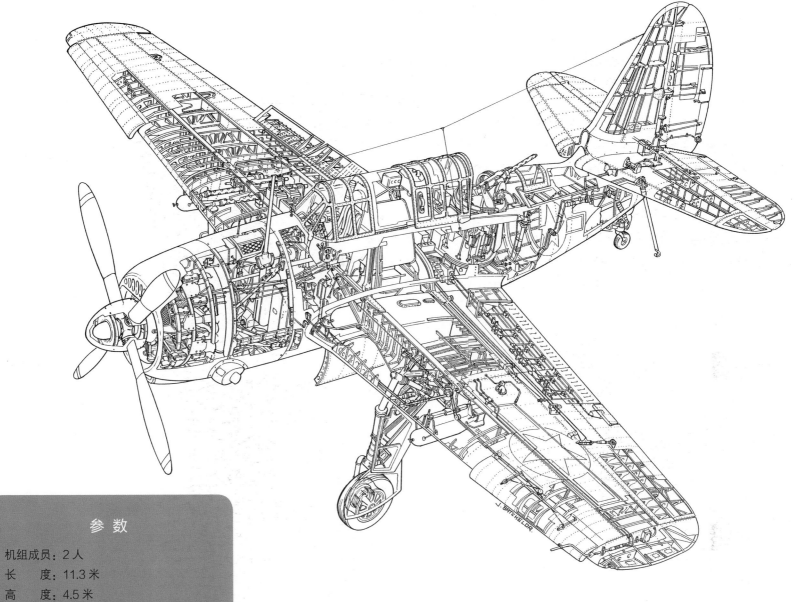

机组成员：2 人

长　　度：11.3 米

高　　度：4.5 米

翼　　展：15.2 米

最大速度：473 千米 / 时

最大航程：1 931 千米

升高限度：7 620 米

武　　器：2 门安装在机翼上的 20 毫米
　　　　　口径机炮和 2 挺安装在后面
　　　　　驾驶舱的 7.62 毫米口径机枪，
　　　　　在机翼架和机身下面有重达
　　　　　207 千克的炸弹。

德·哈维兰蚊式战斗轰炸机

★ 战斗轰炸机

德·哈维兰蚊式战斗轰炸机在研发阶段就是一款独特的飞机，很快就成了二战中最通用的飞机之一。它的设计有三种模式，一种是战斗机，一种是轰炸机，还有一种是战斗机与轰炸机兼备，但实际上却生产出大约五十种不同的变体。

蚊式战斗轰炸机的设计是在德·哈维兰工厂秘密进行的，但1938年当它揭开面纱的时候，英国航空部却认为这个项目太超前了，并拒绝了这个提议。

一共有7 781架蚊式战斗轰炸机被生产，包括那些在加拿大和澳大利亚得到飞行许可的，这个"木质奇迹"直到1955年12月还在英国空军服役。

参 数

机组成员：2 人

长　　度：12.6 米

高　　度：5.3 米

翼　　展：16.6 米

最大速度：589 千米 / 时

最大航程：1 448 千米

升限高度：8 839 米

武　　器：4 门 20 毫米口径机炮，4 挺 7.67
毫米口径勃朗宁机枪，炸弹负
载量是 454 千克。

道尼尔 DO17 轰炸机

★ 双引擎轻型轰炸机

道尼尔 DO17 轰炸机的存在归功于德国汉莎航空公司设计的一架可搭载 6 名乘客的邮政飞机。显然这架飞机的性能在当时非常特殊，比德国空军的任何战斗机都要快，但当时航空公司认为它们并不适合作为邮政飞机，因为在这么薄的机身上，空间太狭窄了。但汉莎航空的一位飞行员与德国航空部有联系，认为它有可能成为一架轰炸机，这导致了第四架原型机以军事规格被订购。这个细长的机身被保留了下来。

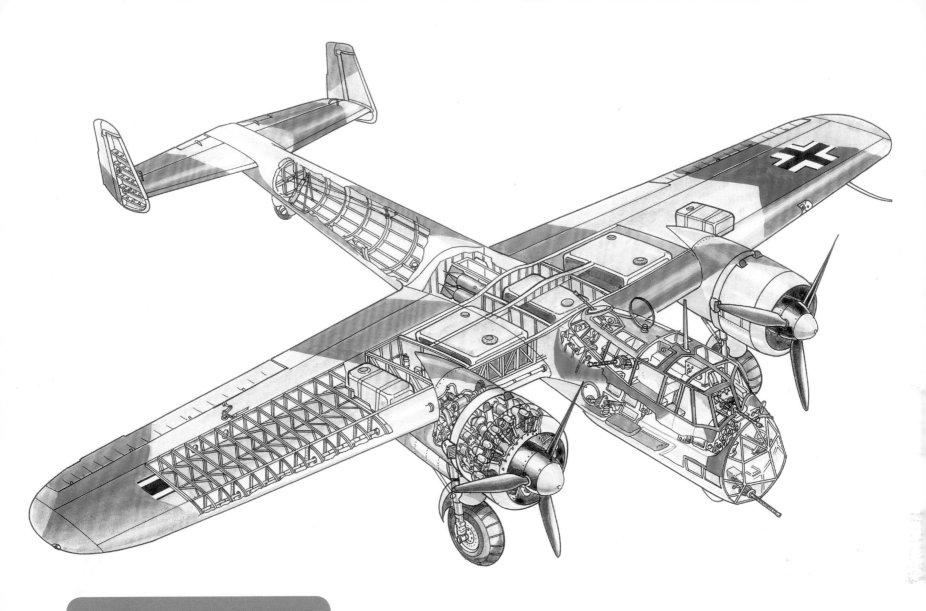

机组成员：4 人

长　　度：15.6 米

高　　度：4.3 米

翼　　展：18 米

最大速度：410 千米 / 时

航　　程：1 159 千米

升限高度：8 199 米

武　　器：6 挺 7.9 毫米机枪，载弹量 998 千克。

道尼尔 DO217 轰炸机

★ 双引擎重型轰炸机／夜间轰炸机

为了满足德国航空部对比DO17 轰炸机更大、更有能力的轰炸机的需要，汉莎航空公司提供了一款更大的早期型号的飞机。这就是在 1938 年 8 月首次飞行的DO217 轰炸机。尽管有一个与其前身相似的外观，但实际上它是一架全新的飞机。

DO17 轰炸机也配备了一个独特的"花瓣"空气制动器，安装在尾翼周围，这样做的目的是为了在俯冲轰炸期间为飞机减速。

参　数

机组成员：4 人

长　　度：18.2 米

高　　度：5.1 米

翼　　展：19 米

最大速度：在 5 200 米达到 515 千米 / 时

最大航程：2 800 千米

升高限度：8 992 米

武　　器：1 门固定的 15 毫米口径机枪、2 挺
　　　　　13 毫米口径机枪、3 挺 7.9 毫米
　　　　　口径机枪，载弹量 4 000 千克。

31

道格拉斯 A-20 "波士顿"/"浩劫"轰炸机

★ 轻型轰炸机 / 夜间轰炸机

　　道格拉斯 A-20 "浩劫"曾参与了很多行动，它在二战服役期间，因为有着战斗机一样的投掷能力，被很多飞行员选择并成为备受喜爱的飞机。

　　随着更多重型轰炸机的出现，人们发现"波士顿"轰炸机本身的战术能力有限。

参 数

机组成员：3 人

长　　度：14.63 米

高　　度：5.4 米

翼　　展：18.7 米

最大速度：546 千米 / 时

最大航程：1 756 千米

升高限度：7 650 米

武　　器：6 挺 12.7 毫米口径机枪或 4 挺 20 毫
　　　　　米口径机炮。

道格拉斯SBD"无畏"式俯冲轰炸机

★ **双座俯冲轰炸机**

道格拉斯SBD"无畏"式俯冲轰炸机是美国海军解决冲突时最重要的俯冲轰炸机，在二战期间，它击沉了许多日本船只。

基于诺斯罗普A-17攻击机和XBT-1的外形尺寸设计，原型机在1935年7月进行了首航。

34

参 数

机组成员：2 人

长　　度：10.1 米

高　　度：4.2 米

翼　　展：12.7 米

最大速度：410 千米 / 时

最大航程：2 518 千米

升限高度：7 782 米

武　　器：2 挺 12.7 毫米口径机枪，2 挺 7.62
毫米口径机枪并携带 1 枚 1 021 千
克重的外部炸弹或深水炸弹。

36

道格拉斯 TBD "蹂躏者" 鱼雷轰炸机

★ 鱼雷轰炸机

道格拉斯 TBD "蹂躏者" 轰炸机的使用过程凸显了当时技术发展的速度。在 1937 年 8 月美国海军的官方介绍中，TBD "蹂躏者" 鱼雷轰炸机被认为是最先进的轰炸机，但当 1941 年 12 月日本偷袭珍珠港时，它就被认为过时了。

它也是美国海军的第一款全金属飞机、第一款有封闭驾驶舱和第一款机翼用液压折叠的飞机。1937 年 4 月 15 日 TBD-1 轰炸机进行了首次飞行，并于 1939 年投入使用，它是一架可以携带重型鱼雷的大型飞机。

参　数

机组人员：3 人

长　　度：10.67 米

高　　度：4.6 米

翼　　展：15 米

最大速度：332 千米 / 时

最大航程：700 千米

升高限度：6 005 米

武　　器：1 挺 7.62 毫米或 12.7 毫米口径机枪，后驾驶舱安装 1 ~ 2 挺 7.62 毫米口径机枪，能够携带 454 千克重的炸弹或 1 枚重达 544 千克的 MK.XIII 鱼雷。

菲尔利剑鱼式轰炸机

★ 鱼雷轰炸机

作为二战的真正英雄，菲尔利剑鱼式轰炸机被亲切地称为"剑鱼式鱼雷轰炸机"，它杰出的服役生涯从 1936 年一直到战争结束，最终英国海军剑鱼中队在 1945 年 5 月 21 日被解散。在这么短的时间内，这种鱼雷轰炸机的功绩成了传奇。

剑鱼式轰炸机的动力由一台布里斯托尔·佩加斯 III M3 型号 9 缸空气冷却式星型发动机提供，功率可达 514 395 瓦。

40

参　数

机组成员：3 人

长　　度：10.9 米

高　　度：3.8 米

翼　　展：13.9 米

最大速度：224 千米 / 时

最大航程：879 千米

升限高度：5 867 米

武　　器：1 挺 7.7 毫米口径勃朗宁机枪，
　　　　　1 挺 7.7 毫米口径维克斯或刘易
　　　　　斯机枪，1 枚重 730 千克的鱼
　　　　　雷或 1 枚重 680 千克的水雷。

福克－沃尔夫 FW200 秃鹰轰炸机

★ 四引擎海上巡逻轰炸机

福克－沃尔夫 FW200 秃鹰轰炸机前身是德国汉莎航空公司的一架能跨大西洋的飞机，原型机于1937年7月27日首飞，功率由一台652 313瓦的美国惠普大黄蜂星型发动机提供。

FW200 最初不是作为一种作战轰炸机设计的，因为其基本的运输结构太过薄弱，

在已有的记录中，有几架飞机由于后梁故障在着陆时折断了背部。为改善这一问题，有加强机身的 FW200C-3 在1941年中期被生产出来，这一版本用745 500瓦的 Bramo 323R-2 星型发动机，代替了黄蜂发动机。

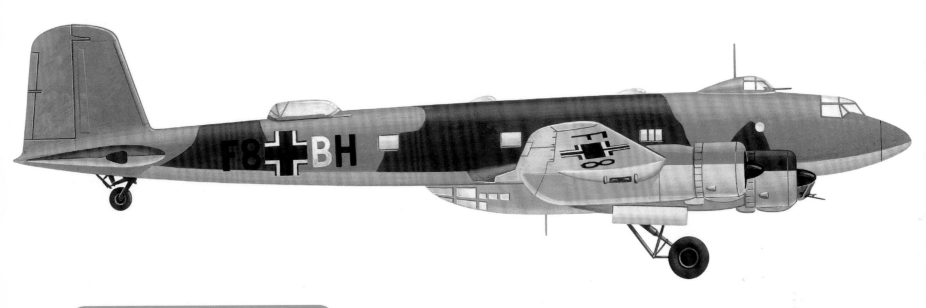

参 数

机组成员：7人

长　　度：23.2米

高　　度：6.3米

翼　　展：32.9米

最大速度：360千米/时

最大航程：4 442千米

升限高度：6 000米

武　　器：1门20毫米口径机炮、3挺13毫
　　　　　米口径和2挺7.9毫米口径机枪，
　　　　　最大载弹量2 098千克。

格鲁曼 TBF "复仇者"式轰炸机

★ 鱼雷轰炸机

格鲁曼 TBF "复仇者"式轰炸机是美国的一种鱼雷轰炸机，它也被世界各地的海军和空军所使用。这架飞机能成为一架经典轰炸机还要归功于它在二战期间在太平洋战场上的作战能力。

"复仇者"式轰炸机是作为道格拉斯 TBF "破坏者"轰炸机的替代品为美国军队设计的，在 1935 年首次被军方引进。格鲁曼公司推出的复仇者式轰炸机设计了一种新的机翼折叠机制，最大限度地利用航空母舰的存储空间。机上共有 3 名机组人员：1 名飞行员、1 名无线电人员和 1 名炮塔炮手。

"复仇者"轰炸机是一架非常全能和坚固的飞机，它有着很长的作战史。直到 1954 年，美国海军将它作为反潜飞机服役。在此之后，它们主要被用作训练机，直到 1960 年才正式退役。

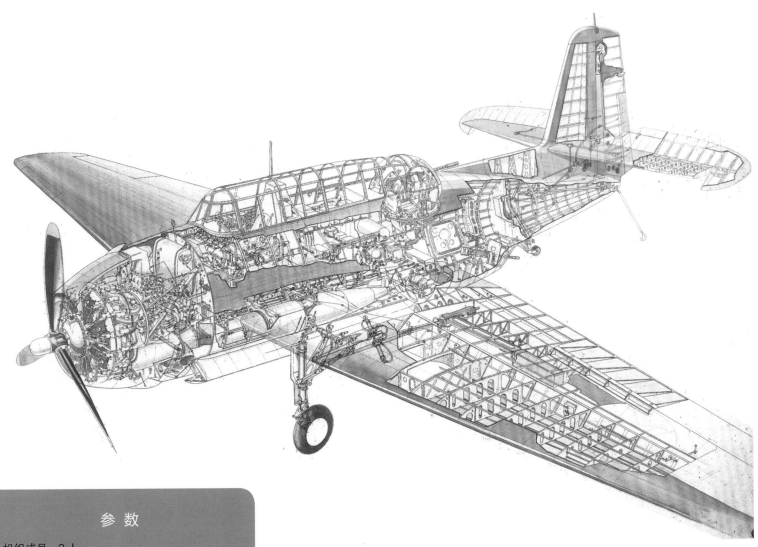

参　数

机组成员：3 人

长　　度：12.2 米

高　　度：4.7 米

翼　　展：16.5 米

最大速度：444 千米 / 时

最大航程：1 609 千米

升限高度：9 175 米

武　　器：2 挺 7.62 毫米口径 M1919 勃朗宁机
　　　　　枪，3 挺 12.7 毫米口径的 M2 勃朗
　　　　　宁机枪，907 千克的炸弹负载量或携
　　　　　带 907 千克的 MK.XIII 型号鱼雷。

哈利法克斯轰炸机

★ 重型战略夜间轰炸机

哈利法克斯轰炸机是二战中的无名英雄之一，它或许被兰开斯特轰炸机夺去了光芒，但它确实做出了相当大的贡献，并且是第一个在战争中向德国投掷炸弹的四引擎重型英国空军轰炸机。它的多用途性也值得注意，被用于巡逻、轰炸、反潜、海上侦察、救护、货物运输、运送伞兵等。

哈利法克斯轰炸机有超过82 000架次操作飞行，其中只有1 884架飞机损耗，投放了大约25万吨炸弹，用杰出的表现赢得了自己的声誉。

参　数

机组成员：7 人

长　　　度：21.9 米

高　　　度：6.4 米

翼　　　展：31.8 米

最大速度：454 千米 / 时

最大航程：3 195 千米

升高限度：7 315 米

武　　　器：1 挺 7.7 毫米口径维克斯机枪、8 挺
　　　　　　7.7 毫米口径勃朗宁机枪，4 座独立
　　　　　　炮塔；1 枚重 5 897 千克的炸弹。

汉德利－佩季"汉普敦"轰炸机

★ 中型轰炸机

"汉普敦"轰炸机最初因为速度足够快而被认为是战斗轰炸机，敏捷的"汉普敦"轰炸机与阿姆斯特朗－惠特沃斯和维克斯"惠灵顿"一起，在二战的第一个年头成为英国空军的主要进攻武器之一。

为了达到最大性能，汉德利－佩季的制造公司决定制造一个造型奇特的机身外形。这减少了阻力，但也使机组人员不可能在飞机上换位置，而且几乎不可能使用火炮炮塔。尽管当时是如此先进和快速，但在 1938 年开始服役的"汉普敦"在战争中被击败，并且显得极度脆弱。

参　数

机组成员：4 人

长　　度：16.4 米

高　　度：4.4 米

翼　　展：21.1 米

最大速度：426 千米 / 时

最大航程：1762 千米

升高限度：5 791 米

武　　器：4 ~ 6 挺 7.7 毫米口径维克斯机枪；
　　　　　载弹量 1814 千克或携带一枚 0.5
　　　　　米长的鱼雷或水雷。

容克 JU87 俯冲轰炸机

★ 单引擎俯冲轰炸机

　　对俯冲轰炸的概念是由德国的
有影响力的飞行员恩斯特·乌德特
提出的。他对美国海军的柯蒂斯地
狱俯冲者轰炸机的表现印象深刻，
他在美国访问期间目睹了这一事件。
容克 JU87 轰炸机在 1935 年进行了
第一次飞行。这架飞机的功率由一
台 477 120 瓦的劳斯莱斯 Kesterl 引
擎提供。随后的原型机和早期生产
的飞机的动力由一台 Jumo 210 系列
发动机提供，并且安装了更常规的
单翼和舵装置。

参　数

机组成员：2 人

长　　度：11 米

高　　度：3.9 米

翼　　展：13.8 米

最大速度：383 千米 / 时

航　　程：599 千米

升高限度：8 001 米

武　　器：2 挺 7.9 毫米口径机枪和 1 挺后射 7.9
　　　　　毫米口径机枪，载弹量 500 千克。

容克 JU88 轰炸机

★ **双引擎轰炸机 / 夜间战斗机 / 侦察机**

双引擎容克 JU88 轰炸机被证明具有很强的适应性，在 1936 年 12 月和 1945 年战争结束之间的飞行中，超过 14 500 架飞机被生产和使用。

JU88 轰炸机的良好表现使得它成为一款优秀战斗机，并在 1938 年 9 月测试了一架装有 2 门 20 毫米口径机炮，并在坚固的机鼻处安装 2 挺 7.9 毫米口径机枪的原型机。

参　数

机组成员：4 人

长　　度：14.4 米

高　　度：4.6 米

翼　　展：20 米

最大速度：在 5 304 米达到 470 千米 / 时

最大航程：2 730 千米

升高限度：8 235 米

武　　器：2 挺 13 毫米口径和 3 挺 7.9 毫米口
　　　　　径机枪，载弹量 2 005 千克。

洛克希德 A-29 赫德逊式轰炸机

★ **六座轰炸机 / 侦察机**

　　洛克希德A-29轰炸机于1938年制造，起源于英国空军要求为安森轰炸机提供一款新的支援飞机。这是洛克希德飞机制造公司在战争期间的第一笔重要订单，订单量从最初的200架迅速增加到350架。

　　从1939年到1944年，这款飞机主要用于在北海进行反潜巡逻和空中打击。

　　赫德逊式轰炸机在二战的前半段取得了重大的成就。

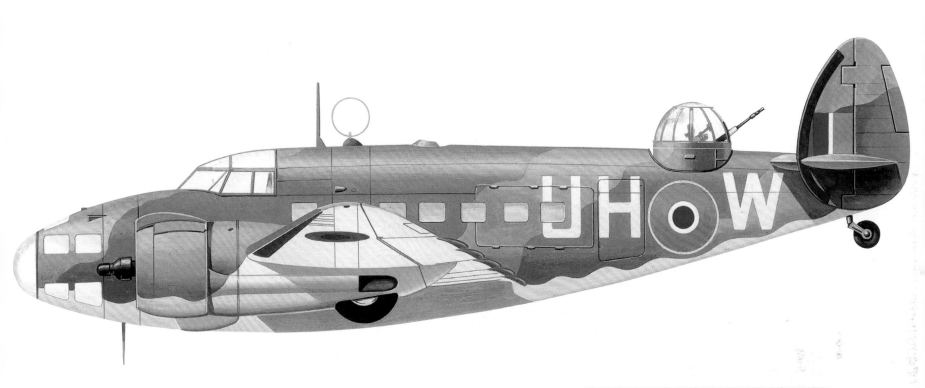

参　数

机组成员：6 人

长　　度：13.5 米

高　　度：3.4 米

翼　　展：20 米

最大速度：402 千米 / 时

最大航程：4 506 千米

升高限度：8 077 米

武　　器：3 挺 7.62 毫米口径机枪、2 挺 7.62
　　　　　毫米炮塔机枪。载弹量 726 千克。

马丁 B-26 掠夺者轰炸机

★ 7座中型轰炸机

马丁 B-26 掠夺者轰炸机或许是二战中最有争议的轰炸机之一，它有着"寡妇制造者"和"飞行棺材"的绰号。

这不是一架容易操纵的飞机，但却是对付敌人的有效而强大的武器。一旦机组人员接受了适当的训练，他们就能驾驶 B-26 取得巨大的胜利。

1945 年 3 月，B-26 掠夺者轰炸机停止生产，但服役期一直持续到战斗结束。当它退役的时候，已经投放了超过 15 万吨的炸弹。

参　数

机组成员：7人

长　　度：17.8米

高　　度：6.6米

翼　　展：21.6米

最大速度：462千米/时

最大航程：4587千米

升高限度：6401米

武　　器：12挺12.7毫米口径机枪，外加
　　　　　1814千克炸弹。

北美 B-25 米切尔中型轰炸机

★ 6 座中型轰炸机

北美 B-25 米切尔轰炸机被广泛认为是二战中使用的最好的中型轰炸机之一。它于 1940 年 8 月 19 日进行了第一次飞行，是 20 世纪 30 年代早期北美 39 型飞机的一个重改版本。B-25 轰炸机是唯一一款以个人命名的美国军用飞机，他就是美国军事航空的先驱——威廉·米切尔将军。

B-25 轰炸机以其安全性和耐用性优异而闻名，它可以承受巨大的敌人火力，并保持最高水平的性能。

参　数

机组成员：6 人

长　　度：15.9 米

高　　度：5.4 米

翼　　展：20.6 米

最大速度：443 千米/时

最大航程：2 173 千米

升高限度：8 138 米

武　　器：1 门 75 毫米口径机炮，
　　　　　12 ~ 18 挺 12.77 毫米口径
　　　　　机枪，载弹量 2 722 千克。

维克斯"惠灵顿"轰炸机

★ 远程中型轰炸机

它的设计和建造使用了巴恩斯－沃利斯测地线结构，机身是由布料覆盖铝合金组成的。这种巧妙的方式赋予了飞机巨大的力量，并确保在遭受敌人的攻击后仍然能够飞行。它还能保持飞机在下降时的重量，这使得"惠灵顿"轰炸机比同时代的其他轰炸机具有更大的载重能力和更长的飞行航程。这一复杂的施工过程耗费了大量时间，因此建造"惠灵顿"轰炸机比其他中型轰炸机花费的时间要多得多。

"惠灵顿"轰炸机由维克斯公司设计，目的是满足英国空军对一款双引擎轰炸机的需求，并于1936年6月进行了首次飞行，随后在1938年加入了轰炸机指挥部。"惠灵顿"轰炸机的动力由大力神、天马座和梅林发动机串联在一起提供，但在1943年10月，随着战争的发展和执行最后的进攻任务，它的设计被新的施工技术所取代。

参 数

机组成员：6 人

长　　度：19.7 米

高　　度：5.3 米

翼　　展：26.3 米

最大速度：378 千米／时

最大航程：4 104 千米

升高限度：5 486 米

武　　器：6 挺 7.7 毫米口径的勃朗宁机枪，
　　　　　最大载弹量 2 041 千克。

沃特 F4U 海盗战斗机

★ 单座战斗机

沃特 F4U 海盗战斗机是在 1938 年初被开发出来的，当时是为了响应美国海军的要求，该飞机拥有尽可能小的机身，但配备了最强大的发动机。然而，由于驾驶舱的位置比平时更低而导致驾驶舱的能见度较差，以及飞机在着陆时有弹跳的倾向，海盗战斗机最初被认为不适合被航空公司操作运营。

1940 年 10 月，它成为第一个以 644 千米/时的速度通过的美国单引擎战斗机时，声名大噪。

仅在太平洋战场上，海盗战斗机就执行了大约 64 000 次飞行任务。这些令人印象深刻的数据凸显了海盗战斗机的优势，并巩固了其在空战史上的传奇地位。

参　数

机组成员：1 人

长　　度：10.2 米

高　　度：4.9 米

翼　　展：12.5 米

最大速度：671 千米 / 时

最大航程：1633 千米

升高限度：11 247 米

武　　器：6 挺 12.7 毫米口径机枪，
　　　　　4 门 M2 机炮。

65

战斗机

贝尔 P-39 空中飞蛇战斗机

★ 单座战斗机

在二战的早期阶段，贝尔 P-39 空中飞蛇战斗机是服役期间最重要的单座战斗机之一。它的独特之处在于，当时的大多数制造商都在围绕引擎设计飞机。但是，P-39 战斗机是围绕着其 37 毫米口径机炮来设计的。想法是装上火炮，这样就可以直接通过螺旋桨轴发射，这就意味着发动机必须安装在飞行员后方的机身深处。P-39 的另一项第一是它有一个三环着陆装置，以前从未在战斗机上使用过。它很快成为贝尔公司生产的最成功的大规模生产的固定翼飞机之一。

参 数

机组成员：1人

长　　度：9.2米

高　　度：3.4米

翼　　展：10.4米

最大速度：592千米/时

最大航程：2486千米

升高限度：9784米

武　　器：1门37毫米口径机炮，2挺12.7
毫米口径机枪，4挺7.6毫米口径
机枪，载弹量227千克。

"无畏"式战斗机

★ 双座战斗机

　　"无畏"式战斗机在二战初期被使用，由博尔顿·保罗飞机公司设计，"无畏"式战斗机被英国空军用作战斗机和轰炸机拦截器。这架双座飞机在后来的几年里取得了一些成功，但最终被淘汰了，因为英俊战士战斗机的优势更大。

　　"无畏"式战斗机第一架原型机在 1937 年 8 月 11 日首次飞行。与飓风轰炸机一样，测试成功，炮塔设计几乎没有额外的阻力。

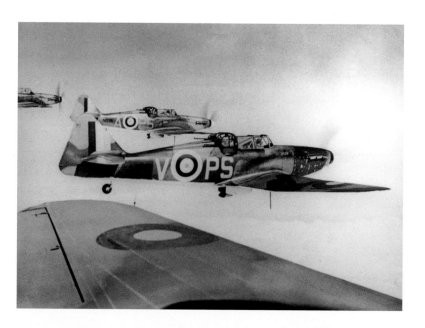

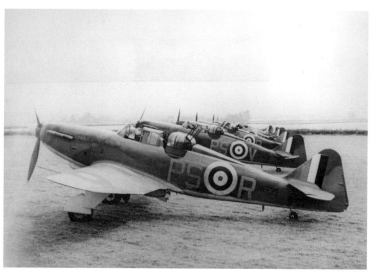

70

参 数

机组成员：2 人

长　　度：10.8 米

高　　度：3.7 米

翼　　展：12 米

最大速度：489 千米 / 时

最大航程：748 千米

升高限度：9 251 米

武　　器：4 挺 7.7 毫米口径机枪。

布利斯托尔英俊战士战斗机

★ 双座夜间战斗机

布利斯托尔英俊战士战斗机，也被称作"美丽战士"，是一架英国远程重型战斗机。1939年二战爆发时，英国缺乏可靠的远程重型战斗机。英国空军的单引擎截击机，如喷火轰炸机和飓风轰炸机，在当时都缺乏进行远程巡逻的能力。布利斯托尔飞机公司以一架早期的博福特鱼雷轰炸机的设计为灵感，设计了英俊战士战斗机。它在战争中服役了一年，被证明是英国空军的宝贵财富。

1939年7月17日，第一架由博福特鱼雷轰炸机组成的英俊战士原型机起飞。这两架飞机的差别相对较小。飞机的控制面板、机翼、可伸缩起落架以及机身后部设计与博福特鱼雷轰炸机完全相同。

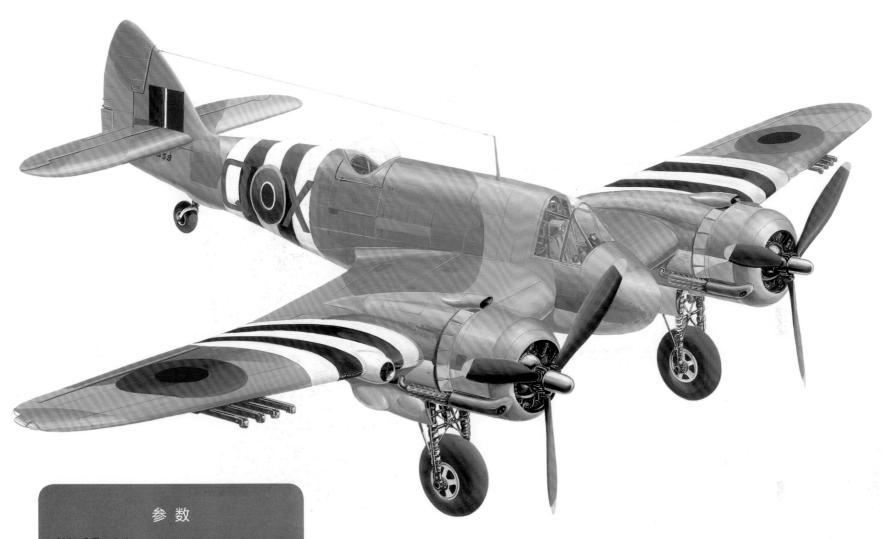

机组成员：2人

长　　度：12.6米

高　　度：4.6米

翼　　展：17.4米

最大速度：515千米/时

最大航程：2816千米

升高限度：5791米

武　　器：4门20毫米口径休斯帕诺大炮，
6挺7.7毫米口径机枪，1挺7.7毫
米口径维克斯"K"机枪或勃朗宁
机枪，1枚0.46米长的鱼雷，8枚
火箭发射器。

寇蒂斯 P-40 战斗机

★ 单座战斗机

寇蒂斯 P-40 战斗机是二战中最有争议的单座战斗机之一。P-40 战斗机最初是由 P-36 战斗机设计和修改而成的，这是第一种在大规模生产中制造出来的美国战斗机，一直服役到战争结束。

P-40 战斗机的原型机首次飞行是在 1938 年的秋天。它最初的表现并没有达到设计者的期望，但在当时，中国国民党空军迫切需要几架新的飞机，所以欢迎 P-40 战斗机服役。

最初 197 架 P-40S 在 1939—1940 年为美国空军建造，以对付纳粹德国空军。P-40 战斗机能够忍受各种恶劣的气候条件。它的半模块化设计意味着它很容易维护，由于这个原因，许多机组人员都喜欢它。

参 数

机组成员：1人

长　　度：9.7米

高　　度：3.8米

翼　　展：11.4米

最大速度：579千米/时

最大航程：1046千米

升高限度：8839米

武　　器：6挺12.7毫米口径勃朗宁机枪，
　　　　　载弹量907千克。

菲亚特 G55 "半人马座" 战斗机

★ 单座战斗机 / 战斗轰炸机

在二战之前，菲亚特公司以 CR 32 和 CR 42 双翼战斗机的快速机动建立了自己的声誉。然而，为了跟上国际趋势，它需要继续设计单翼飞机。因此，菲亚特 G50 箭式战斗机是第一款拥有可伸缩起落架的意大利全金属单座战斗机。最初生产的版本是带有一个封闭的驾驶舱盖的，但飞行员不喜欢这个功能，半开放式的机型成为以后标准的机型。

在 1942 年 4 月 30 日，采用了内嵌式动力版本的 G55 "半人马座" 原型机进行了首次飞行。尽管根据箭式战斗机设计，但飞机机身被重新设计，以容纳 1 099 613 瓦的 DB605A-1 内嵌的液冷式发动机。最初的武器装备是 1 门安装在发动机架上的通过螺旋桨毂盖开火的 20 毫米口径机炮，还有 2 挺 12.7 毫米口径机枪，它的最高速度达到 620 千米 / 时。

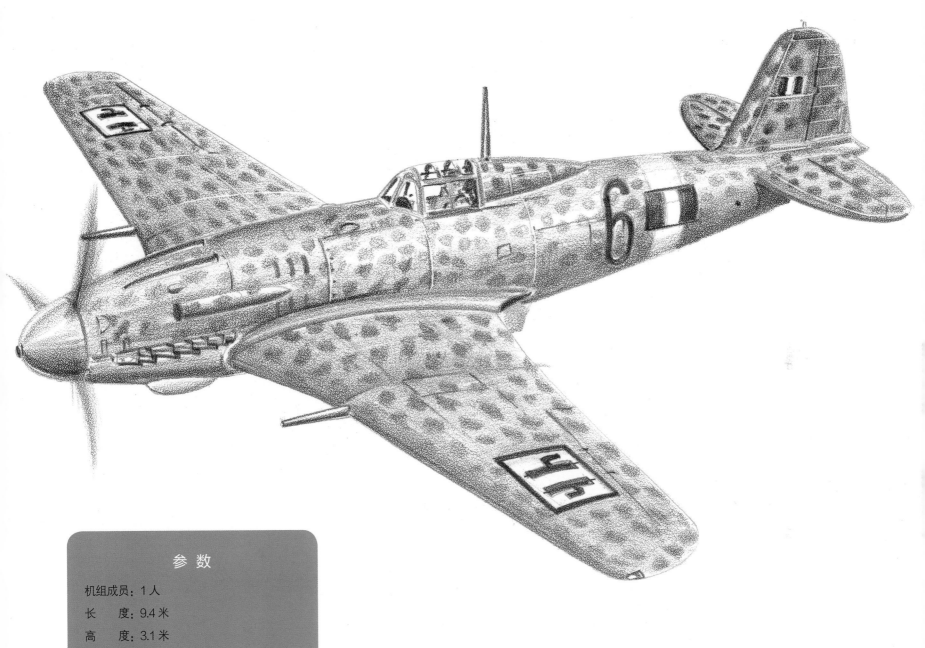

参　数

机组成员：1人

长　　度：9.4米

高　　度：3.1米

翼　　展：9.2米

最大速度：620千米/时

最大航程：1650千米

升高限度：13000米

武　　器：3门20毫米口径机炮、2挺12.7
　　　　　毫米口径机枪。

福克 - 沃尔夫 FW190 战斗机

★ 单座战斗机 / 战斗轰炸机

福克－沃尔夫战斗机基于一台 BMW139 空气冷却径向发动机设计建造，FW190V1 原型机在 1939 年 6 月 1 日试飞。一个引人注目的特点是其有大型流线型螺旋桨旋转器，它安装了一个导管风扇来辅助发动机冷却。飞行测试显示了其优异的处理性能，但生产 FW190A 型号时进行了一些变化，包括采用了更重但更强大的 1 192 800 瓦的 BMW801 发动机，安装了一套合适的流线型的整流罩和传统的旋转器。

在 1942—1943 年间，一些 FW190 的原型机安装了一个增压的内嵌式液体冷却引擎，带有一个鼻环式的环形散热器，保留了一个径向发动机的外观，但是机鼻却长了很多。

格罗斯特角斗士战斗机

★ **单座战斗机**

  格罗斯特角斗士是英国制造公司为英国空军设计的最后一款双翼飞机。它在二战早期被频繁使用，后来被更现代的单翼战斗机取代，比如飓风和喷火式战斗机。

  角斗士战斗机第一架原型机于1934年9月试飞，但在1935年7月投入生产时，最初的设计有了一些改进。它的表现足以让英国空军相信，这架飞机可以作为一种临时武器使用，同时可以等待更先进的单翼机的研发。

  随着第二次世界大战的爆发，许多英国空军中队都配备了角斗士战斗机。然而，随着飓风战斗机和喷火式战斗机的投产，它们很快就取代了角斗士战斗机在前线的角色。在战争初期，角斗士战斗机确实在很多关键战役中大显身手。

  在从前线撤出后，角斗士战斗机被重新分配执行非战斗任务，并继续在英国空军服役到1944年。角斗士战斗机最终于1953年退役。

参 数

机组成员：1 人

长　　度：8.4 米

高　　度：3.6 米

翼　　展：9.9 米

最大速度：407 千米 / 时

最大航程：716 千米

升高限度：9 997 米

武　　器：2 挺 7.7 毫米口径维克斯机枪，
　　　　　2 挺 7.7 毫米口径刘易斯机枪。

格罗斯特"流星"战斗机

★ 单座战斗机

格罗斯特"流星"战斗机是英国制造的第一款喷气式战斗机。格罗斯特"流星"战斗机在1943年初进行了首次飞行。尽管"流星"战斗机并不是一架先进的空气动力学飞机,但它标志着一个全新的飞机设计时代的来临。"流星"战斗机在二战期间参与了许多战区的行动,并在战后许多年里仍然被英国空军和其他国家的空军所使用。

"流星"战斗机的发展始于1940年11月。

1944年6月1日,第一架"流星"战斗机被送至英国空军第616中队。

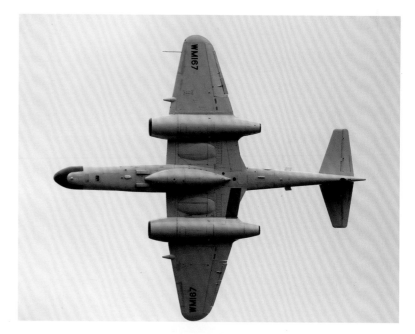

参 数

机组成员：1 人

长　　度：12.6 米

高　　度：3.9 米

翼　　展：13.1 米

最大速度：660 千米 / 时

最大航程：805 千米

升高限度：10 363 米

武　　器：4 门 20 毫米口径休斯帕诺机炮，最
　　　　　大载弹量 753 千克。

格鲁曼 F6F "地狱猫" 战斗机

★ 单座战斗机

格鲁曼 F6F "地狱猫" 战斗机是美国海军以航母为基础设计和研发的飞机。它和 F4F "野猫" 战斗机很相似，并打算取代后者。"地狱猫" 战斗机成为美国海军在二战最后几年使用的主要战斗机之一。事实证明，"地狱猫" 战斗机在服役期间击落了数千架敌机，它是美国历史上最成功的飞机。"地狱猫" 战斗机可以承受大量的攻击，并将飞行员安全地带回自己的航母上。

1941 年春天，美国海军正打算用一种更新版本的飞机来取代格鲁曼公司的 F4F "野猫" 战斗机。"地狱猫" 战斗机的设计紧随 "野猫" 的设计而来，它在对抗日本 "零式" 战斗机方面取得了无数的成功。格鲁曼公司决定进一步改进 "地狱猫" 战斗机的设计，以完全超越 "零式" 战斗机在太平洋地区的主导地位。

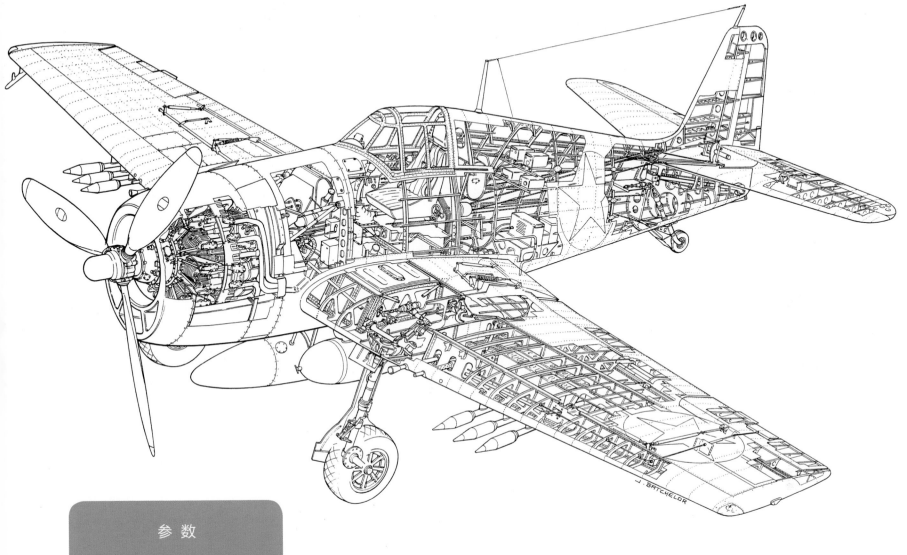

机组成员：1 人

长　　度：10.3 米

高　　度：4 米

翼　　展：12.8 米

最大速度：531 千米 / 时

最大航程：1320 千米

升高限度：11 369 米

武　　器：6 挺 12.7 毫米口径勃朗宁
　　　　　M2 型机枪。

格鲁曼 F4F "野猫" 战斗机

★ 单座战斗机

格鲁曼 F4F "野猫" 战斗机是一款美国舰载战斗机，与美国海军和英国舰队的航空兵一起服役。它是二战中美国海军主要的战斗机，于 1941—1942 年被使用。"野猫" 战斗机由于其坚固的设计，能够击落大量的敌机。"野猫" 战斗机是由通用汽车公司在战争后期制造的，它在护航航母上服役，因为在那里，更大、更重的战斗机无法使用。

在战场上，"野猫" 战斗机与机动性更强的三菱 "零式" 战斗机针锋相对。

它能够抵抗这些攻击，主要是得利于重型装甲和自动密封的油箱。"野猫" 战斗机比对手更能承受攻击。在 1943 年的最初几个月里，为了给新的 F6F "地狱猫" 战斗机让路，"野猫" 战斗机的生产被叫停了。在战争结束前，这些 "野猫" 战斗机继续服役，主要在护航航母上作战，攻击敌方潜艇和地面目标。

参　数

机组成员：1人

长　　度：8.8米

高　　度：3.4米

翼　　展：11.6米

最大速度：533千米/时

最大航程：1360千米

升高限度：12 040米

武　　器：4挺12.7毫米口径勃朗宁M2
　　　　　型机枪，携带2枚45千克重的
　　　　　炸弹或2个220升副油箱。

霍克飓风战斗机

★ 单座战斗机

飓风战斗机的起源可以追溯到英国航空部对高级战斗机的需求。大多数竞争者选择设计双翼飞机，但霍克公司决定制造一架单翼、更现代化版的霍克狂怒单翼战斗机。因此，它的最初名称是"狂怒单翼战斗机"。它代表了飞机设计的下一个垫脚石，和它的前任机型一样，能以每分钟超过762米的爬升速度飞行。

1935年11月6日，飓风战斗机进行了首次飞行，并于1937年投入使用，成为英国空军第一架速度达到483千米/时以上的飞机。

参 数

机组成员：1 人

长　　度：9.6 米

高　　度：4 米

翼　　展：12.2 米

最大速度：512 千米 / 时

最大航程：740 千米

升高限度：10 973 米

武　　器：8 挺 7.7 毫米口径勃朗宁机枪。

霍克 "台风" 战斗机

★ 单座战斗轰炸机

霍克 "台风" 战斗机的设计是为了满足 1937 年英国航空部的一项关于替代 "飓风" 战斗机的拦截机的需求，生产者制造了 2 架原型机，每个引擎都在规格中列出。

许多人将霍克 "台风" 战斗机的外观描述为具有威胁性，螺旋桨下方的凸起部分遮盖住水箱，经常被视为主要原因。这是一种典型的低单翼悬臂结构，有一个椭圆机身，驾驶舱在后翼边缘略微向后的位置。它主要是用金属材料建造的，最初安装 12 挺 7.7 毫米口径机枪。

霍克 "台风" 战斗机于 1941 年 8 月开始服役，但它的作战生涯非常短暂。

霍克台风战斗机于 1945 年退役，只有一架完整的样机保存在英国。

参 数

机组成员：1 人

长　　度：9.5 米

高　　度：4.7 米

翼　　展：12.7 米

最大速度：633 千米 / 时

最大航程：821 千米

升高限度：10 729 米

武　　器：4 门 20 毫米口径机炮，8 枚火
　　　　　箭弹和 2 枚 227 千克炸弹。

川崎 Ki-61 飞燕战斗机

★ 单座战斗机 / 战斗轰炸机

日本的航空发动机工业几乎完全集中在气冷发动机的开发和生产上。因此,当日本陆军航空队研究用一个液体冷却的内嵌式发动机来生产战斗机的可能性时,根据当时欧洲的惯例,唯一的方法就是使用德国的发动机。

川崎做了两种基于 875 963 瓦的 HA40 引擎的设计。第一个是在 1941 年 3 月飞行的 KI60 型号战斗机,但令人不满意的表现使人们将注意力集中到随后于同年 12 月飞行的 Ki-61 飞燕战斗机身上。

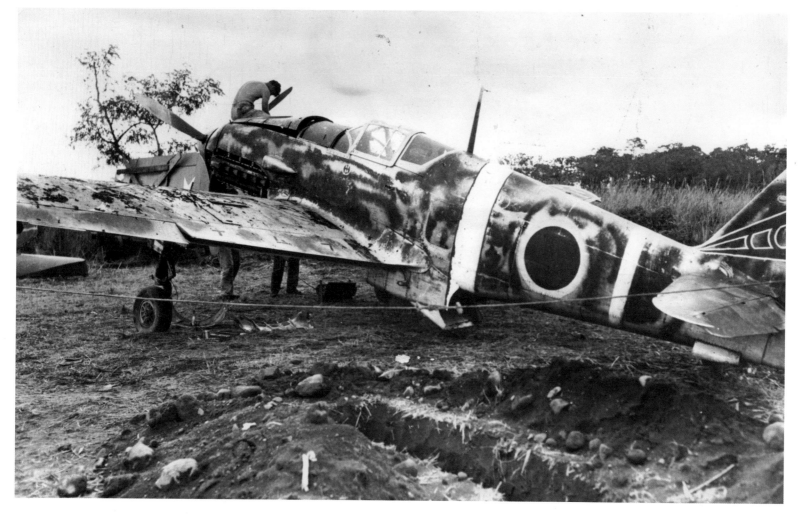

94

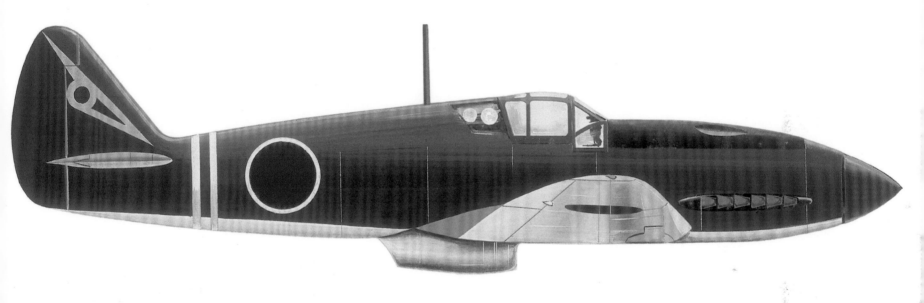

参　数

机组成员：1 人

长　　度：9 米

高　　度：3.7 米

翼　　展：12 米

最大速度：589 千米 / 时

航　　程：1803 千米

升高限度：9 997.44 米

武　　器：2 门 20 毫米口径机炮，2 挺 12.7

　　　　　毫米口径机枪，2 枚 250 千克炸弹。

洛克希德 P-38 "闪电" 式战斗机

★ 单座重型战斗机

P-38 "闪电" 式战斗机是洛克希德公司生产的第一款军用飞机，旨在满足美国陆军航空兵对双引擎、高海拔拦截机的需求。他们对性能要求非常具体，包括在高海拔地区的最高速度至少在 579 千米/时以上，在 6 分钟内爬升到 6 096 米的高空，再加上远程能力。这架飞机的精确需求使洛克希德公司别无选择，只能采用一种极具创新性的设计，即采用双引擎，每台发动机后面都配有涡轮增压器。飞行员被安置在机身中间的发动机短舱内，主要的武器装备在飞行员前面的机鼻处。

飞机的生产量超过 1 万架，"闪电" 式战斗机被认为是最有效和最高效的战术战斗机之一。它在 1946 年退役，短短 3 年，就成了过时的战斗机。

96

洛克希德 P-80 流星战斗机

★ 单座亚超声速喷气式战斗机

虽然洛克希德 P-80 流星战斗机在战争中出现得相对较晚，但它的设计引人注目，因为它是第一款为美国服役的喷气式战斗机，从设计到生产的整个过程只用了 143 天就完成了。

测试 P-80 流星战斗机被证实对飞行员来说是非常危险的，洛克希德公司的首席测试飞行员在第三架原型机的试飞中丧生。美国空军的飞行员也在后来驾驶 P-80 型号的飞机时丧生，原因是主要的燃料泵出问题了。

参　数

机组成员：1 人

长　　度：10.6 米

高　　度：3.5 米

翼　　展：11.6 米

最大速度：933 千米 / 时

最大航程：1 152 千米

升高限度：12 040 米

武　　器：6 挺 12.7 毫米口径机枪，8 枚 12.7
毫米非制导火箭弹，2 枚 454 千克
的炸弹，6 个凝固汽油罐。

马基 MC205V "猎狗" 战斗机

★ 单座战斗机／战斗轰炸机

在战争开始的时候，由于缺乏合适的发动机，意大利战斗机的表现落后于同时代的其他战斗机。虽然飞机设计得很好，而且特别容易操作，但缺乏合适的内嵌式液体冷却发动机是一个严重的问题。从 1941 年开始，德国的 DB601 和 DB605 引擎的授权版本开始使用，使这种情况最终得到了纠正。大多数战斗机都被改装，开始使用这些新的动力装置。

"猎狗"战斗机第一次飞行是在 1942 年 4 月 19 日，随后于 1943 年初投入使用，但由于生产的 DB605 引擎延迟交付，导致生产进展缓慢。

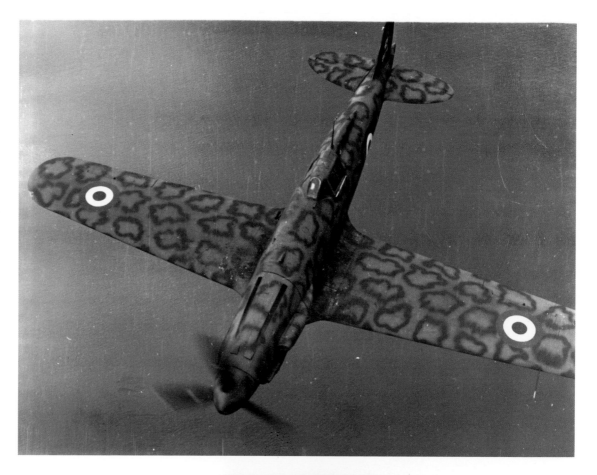

参　数

机组成员：1人

长　　度：8.8米

高　　度：2.8米

翼　　展：10.6米

最大速度：642千米/时

航　　程：1040千米

升高限度：10 973米

武　　器：2门20毫米口径机炮，2挺12.7
　　　　　毫米口径机枪，2枚160千克炸弹。

梅塞施密特 BF109 战斗机

★ 单座战斗机

梅塞施密特 BF109 战斗机是第一款有可伸缩的起落架的新型金属单翼战斗机。

发动机上方安装了 2 挺 7.9 毫米口径机枪，2 个机翼上安装了 20 毫米口径的机炮。与此同时，一架改进的 BF109F 版本的战斗机正在开发中。

BF109F 被许多飞行员认为是这个著名战斗机的最佳版本，因为后续的修改和额外的军事装备对飞机的操控性能有不利的影响。

参 数

机组成员：1 人

长　　度：8.9 米

高　　度：3.4 米

翼　　展：9.9 米

最大速度：在 5 989 米达到 629 千米 / 时

航　　程：663 千米

升高限度：11 994 米

武　　器：1 门 15 毫米口径机枪，2 挺 7.9 毫米口径机枪，2 门 20 毫米口径机炮。

梅塞施密特 BF110 战斗机

★ 双座重型战斗机

1934 年初，梅塞施密特 BF110 代表了一种先进的概念，它是一款能够护送轰炸机编队的远程重型武装战略战斗机。BF110V1 原型机于 1936 年 5 月 12 日试飞，功率由一组 715 680 瓦的 DB600 发动机驱动。

作为一架夜间战斗机，BF110 为德国防御英国空军的夜间轰炸机提供了支持，直到战争结束。

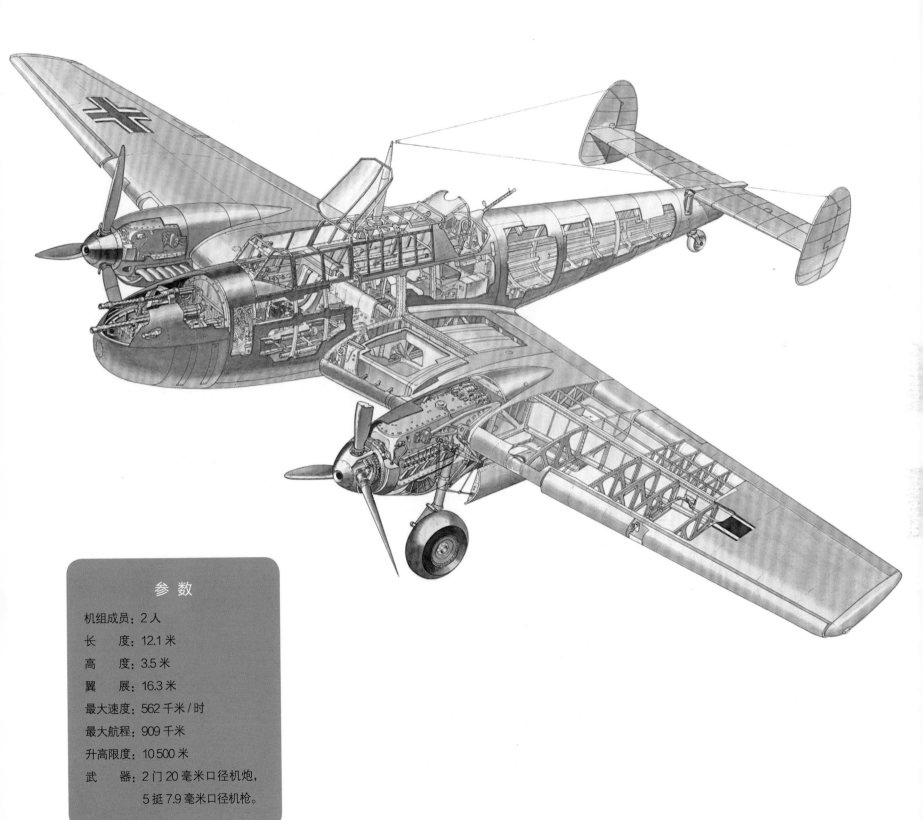

参 数

机组成员：2 人

长　　　度：12.1 米

高　　　度：3.5 米

翼　　　展：16.3 米

最大速度：562 千米 / 时

最大航程：909 千米

升高限度：10 500 米

武　　　器：2 门 20 毫米口径机炮，
　　　　　　5 挺 7.9 毫米口径机枪。

梅塞施密特 ME262 飞燕战斗机

★ 双引擎喷气战斗机

德国在研发喷气式战斗机方面的领先优势，在令人惊异的梅塞施密特ME262战斗机身上清晰地展现出来。这架后掠翼双发喷气战斗机比英国的"流星"战斗机要超前得多，它的设计对英国、美国和苏联战后的战斗机发展产生了重大影响。

早在1938年，德国航空部就开始着手研究这个项目，并在1940年3月授予梅塞施密特公司一份合同，建造3架原型机。第一架原型机是在1941年初完成的，但是当时没有能适合飞行的喷气式飞机引擎，所以一台521 850瓦的巨大的210G活塞引擎被安装在机鼻处，用于早期的飞行。

参 数

机组成员：1 人

长　　度：10.6 米

高　　度：3.9 米

翼　　展：12.5 米

最大速度：863 千米 / 时

最大航程：1 049 千米

升高限度：10 973 米

武　　器：4 门 30 毫米口径机炮、24 枚
　　　　　R4M 型 5 厘米无制导火箭弹。

米格 -3 战斗机

★ 单引擎战斗机

设计者为提高米格战斗机的性能而做了相当大的努力去改进，其中包括进行广泛的风洞试验，将发动机向前推进几毫米，在外翼板上增加二面角，改进座舱罩设计，以及增加燃料等。经过这些改进后的飞机就成了米格 -3 战斗机。

在服役时，米格 -3 战斗机的飞行速度很快，在高海拔处表现良好，但它仍然很难飞行，因为其机动性很差，特别是在低海拔地区。

参　数

机组成员：1 人

长　　度：8.2 米

高　　度：2.7 米

翼　　展：10.2 米

最大速度：641 千米 / 时

最大航程：821 千米

升高限度：11 871 米

武　　器：1 挺 12.7 毫米口径、2 挺 7.62 毫米
　　　　　口径的机枪，6 枚 RS-82 火箭弹或
　　　　　2 枚 100 千克的炸弹。

三菱 A6M 零式战斗机

★ 单座海军战斗机

三菱 A6M 零式战斗机或许是二战中最著名的日本战斗机，是应 1937 年日本海军的要求而生产的。原型机在 1939 年 4 月 1 日起飞，动力由 581 490 瓦的三菱星型发动机提供，但生产的型号采用了动力更强劲的中岛荣 12 星型发动机。

A6M5 配备了新的更强的机翼和推力增强的排气装置，最高速度可达 565 千米／时。比起其他的零式版本，A6M5 版本的产量要多出很多，直到战争结束时，它都是日本海军作战部队的骨干力量，但在战争结束时，它已经完全被盟军战斗机击败了。

参 数

机组成员：1人

长　　度：8.9米

高　　度：3.5米

翼　　展：11米

最大速度：565千米/时

最大航程：1922千米

升高限度：11741米

武　　器：2门20毫米口径机炮、4挺13.2毫米口径机枪。

中岛 KI27 战斗机

★ 单座战斗机 / 战斗轰炸机

根据早期战斗机竞争的经验，中岛公司在 1936 年作为私人投资方制造了 PE 型号单翼战斗机。这为 KI27 战斗机奠定了基础，在对三菱和川崎两个竞争对手的设计进行评估后，中岛成功地从日本陆军航空队获得了大宗订单，尽管它是 3 名竞争者中最慢的。然而，其卓越的机动性，使其在 1937 年中开始生产，到 1940 年 7 月，总共生产了 3 386 架飞机。

中岛 KI27 战斗机有一个封闭的驾驶舱，有一个滑动的顶棚，但保留了固定的底盘，主要的部件被流线型的封装工具所包围。动力由 1 台密封在一个整齐的整流罩内的 529 305 瓦发动机提供，武器由 2 挺安装在上部机身甲板上的轻型机枪组成，并通过螺旋桨电弧点火射击。

参　数

机组成员：1 人

长　　度：7.6 米

高　　度：3.3 米

翼　　展：11.3 米

最大速度：470 千米 / 时

最大航程：1 706 千米

升高限度：10 000 米

武　　器：2 挺 7.7 毫米口径机枪、4 枚 25 千
　　　　　克的炸弹。

中岛 KI84 疾风战斗机

★ 单座战斗机 / 战斗轰炸机

中岛 KI84 战斗机被认为是最好的日军战斗机，尽管它直到 1944 年才到达前线。与早期的日本战斗机不同的是，对速度和机动性的要求不是以牺牲飞行员的装甲防护、自我封闭的油箱和坚固的结构为代价的。结果是一个完全实用的战斗机器，它激发了飞行员的信心，并能与美国的"雷电"战斗机和"野马"战斗机在同等条件下对抗。虽然它最高速度为 631 千米 / 时，比美国战斗机慢，但它更容易操控，而且有更高的爬升率。

114

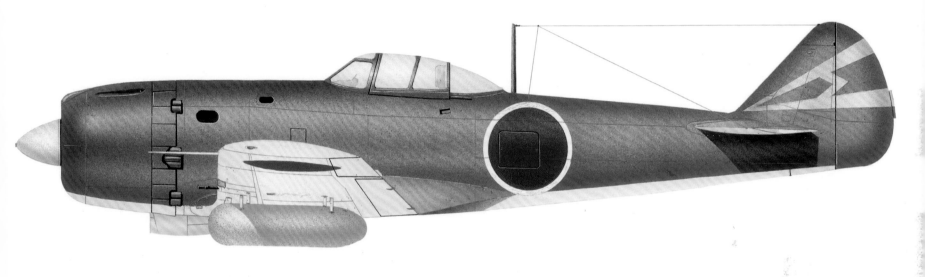

参　数

机组成员：1人

长　　度：9.9米

高　　度：3.4米

翼　　展：11米

最大速度：631千米/时

最大航程：2 168千米

升高限度：10 500米

武　　器：2门20毫米口径机炮，2挺12.7毫
米口径机枪，2枚250千克的炸弹。

北美 P-51 野马战斗机

★ 单座战斗机

北美 P-51 野马战斗机可以说是二战中最优秀的战斗机之一，是应英国人的需求研制的。寇蒂斯公司的战斧战斗机已经在生产中，英国采购委员会询问北美航空公司是否可以购买寇蒂斯，以满足英国空军的需要。北美航空公司承诺还有一个更好的建议，那就是他们可以为英国空军制造一架高级的飞机。

北美航空公司决心打造超一流的战斗机，于是他们继续改造野马。

P-51D 型号被公认为是最权威的野马战斗机，它对机翼进行了广泛的重新设计，给飞机增加了空间，并进一步装备了 2 挺机枪。早期的型号只有 4 挺机枪，这在战斗中被证明是一个严重的失误。

参　数

机组成员：1 人

长　　度：9.8 米

高　　度：4.2 米

翼　　展：11.3 米

最大速度：703 千米 / 时

最大航程：1 529 千米

升高限度：12 192 米

武　　器：6 挺 12.7 毫米口径机枪, 2 枚
　　　　　454 千克的炸弹或 10 枚 127 毫米
　　　　　火箭弹。

共和 P-47 雷电战斗机

★ 单座战斗机

作为二战期间建造的最大、最重的单座飞机，共和 P-47 雷电战斗机是一种出色的战斗机。不仅是它的身材使它成为盟军中获得巨大成功的战斗机，其产量也是最高的，超过 15 000 架飞机被制造出来。最初，它安装了一台艾利逊 V-1710 发动机和更小的武器装备，由早期不成功的 1940 年制造的 P-43 枪骑兵战斗机演变而来。

在 1930—1940 年间，空气冷却引擎的普及度大幅上升，基于这一要素，雷电战斗机诞生了。

雷电战斗机最初的目的是在太平洋战场上使用，但在取得成功之后，它被租借到几个盟国。在战争的后半段，被用于执行护航任务，作为战斗轰炸机，对轻型装甲目标造成严重伤害。其装备的先进穿甲式火箭弹摧毁了敌人的装甲车，破坏了敌人的地面补给。

当 P-51 野马战斗机开始服役时，雷电战斗机逐渐被取代，但仍然作为近距离的空中支援而存在。

参 数

机组成员：1 人

长　　度：11 米

高　　度：4.5 米

翼　　展：12.5 米

最大速度：686 千米 / 时

最大航程：1 529 千米

升高限度：12 192 米

武　　器：8 挺 12.7 毫米口径机枪，907 千
　　　　　克的炸弹，10 枚 130 毫米无制导
　　　　　火箭弹。

超级马林喷火战斗机

★ 单座战斗机

这也许是二战中最具标志性的飞机之一，超级马林喷火战斗机在整场战争中扮演了一个关键角色。

喷火战斗机的第一次飞行发生在 1936 年 3 月 5 日，这架飞机于 1938 年 8 月被引入现役，很快成为飞行员们的最爱。

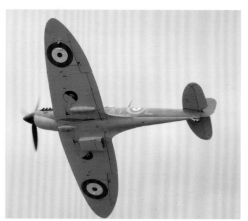

122

参　数

机组成员：1人

长　　度：8.9米

高　　度：2.8米

翼　　展：11米

最大速度：594千米/时

最大航程：1 827千米

升高限度：11 125米

武　　器：8挺7.7毫米口径机枪。

诺斯罗普 P-61 黑寡妇夜间战斗机

★ 三座，配备雷达的夜间战斗机

黑寡妇是第一款在设计中使用雷达的夜间战斗机。原型机于 1942 年 5 月 21 日试飞，并很快就有了 200 张生产订单产生。第一款机型配备了 2 款最强大的发动机，能产生 1 677 375 瓦，发动机驱动了 2 个直径为 3.7 米的四叶螺旋桨。

这架飞机配备了雷达，雷达安装在飞机的鼻翼上，覆盖范围近 8 千米。它允许飞行员在完全黑暗的状态下飞行。

黑寡妇是一款著名的夜间战斗机，并参与了很多次成功的任务。

参　数

机组成员：2 ~ 3 人

长　　度：15.1 米

高　　度：4.5 米

翼　　展：20.1 米

最大速度：583 千米 / 时

最大航程：1 513 千米

升高限度：9 296 米

武　　器：4 门 20 毫米口径机炮，4 挺
　　　　　12.77 毫米口径机枪。

运输机与支援机

联合飞机 PBY 卡特琳娜

美国空军在太平洋的海空搜索救援工作中使用了联合飞机 PBY 卡特琳娜。PBY 水上飞机是二战中使用最广泛的多用途飞机之一。它被用于反潜战、巡逻轰炸、护航、搜索和营救任务，以及货物运输等。它被证明是同类型中最成功的飞机，比其他水上飞机的生产量要多得多。

PBY 水上飞机最初是作为一款巡逻轰炸机而设计的，PBY 水上飞机有内部的机翼支撑，这大大减少了对拖拉支撑杆和支撑线的需求。与前几代飞机相比，它有了显著的改进，它的最大航程为 4 056 千米，最大起飞重量为 16 066 千克。

在 1936—1945 年期间，大约制造了 4 000 架 PBYS 水上飞机。然而，PBY 水上飞机确实有它的弱点。它的速度很慢，最大时速只有 315 千米，而且没有驾驶员装甲或自我封闭的容器，非常容易受到防空攻击。

在搜寻和救援任务中，PBY 水上飞机也被证明是有效的，它拯救了数千名在海洋上空被击落的机组人员的生命。

战争结束后，PBY 水上飞机作为一种非常可靠的飞机被人们记住。在战争期间，它承担了许多从未涉及的角色。PBY 水上飞机最终在 1980 年退役。

参 数

机组成员：4 人

长　　度：19.2 米

高　　度：6.4 米

翼　　展：31.7 米

最大速度：315 千米 / 时

最大航程：4 056 千米

升高限度：4 816 米

武　　器：3 挺 7.7 毫米口径机枪，2 挺 12.7
　　　　　毫米口径机枪，1 枚 1 814 千克
　　　　　炸弹或深水炸弹。

寇蒂斯 - 莱特 C-46 突击队员

★ 军队和货物运输机

寇蒂斯 - 莱特 C-46 突击队员是一款二战期间的美国运输机，称为"鲸鱼"或"寇蒂斯灾难"，主要在欧洲和太平洋地区执行任务。C-46 突击队员的设计是为了替代道格拉斯 DC-3 运输机，当时的 C-46 突击队员的航程比美国一般飞机都要长。

C-46 突击队员最初被作为 36 座的商务客机使用，是由 CW-20 机型演变而来。1940 年，美国空军正在寻找一种更高效的运输机，并首次试飞了第一架原型机。

参　数

机组成员：4 人

长　　度：23.3 米

高　　度：6.7 米

翼　　展：33 米

最大速度：433 千米 / 时

最大航程：4 748 千米

升高限度：8 413 米

武器装备：无

道格拉斯 C-47 空中列车

★ 运输机

在 20 世纪 30 年代，DC-3 最初被用作民用客机。C-47 是 DC-3 的第一种标准军用型。道格拉斯 C-47 空中列车运输机很快赢得了赞誉，成为二战中最好的军用运输机。

由于在民用方面取得了巨大的成功以及其可靠性强，这种飞机不需要做太多修改，就能将其转化为军事人员的运输机。最主要的区别是取消了舒适的航空座椅，取而代之的是在货舱两侧的桶形座椅。

参　数

机组成员：3 人

长　　度：19.5 米

高　　度：5.2 米

翼　　展：29.1 米

最大速度：360 千米 / 时

最大航程：2 575 千米

升高限度：8 047 米

武　　器：无

容克斯 JU52/3M 运输机

★ 三引擎轰炸运输机

容克斯 JU52/3M 被机组成员戏称为"容克斯大婶"，这款三引擎的容克斯 JU52/3M 运输机在战争期间成为空中运输部队的支柱，并参与了每一场主要的战役。

作为一种民用运输机和客机，JU52/3M 被世界各地的航空公司广泛使用。

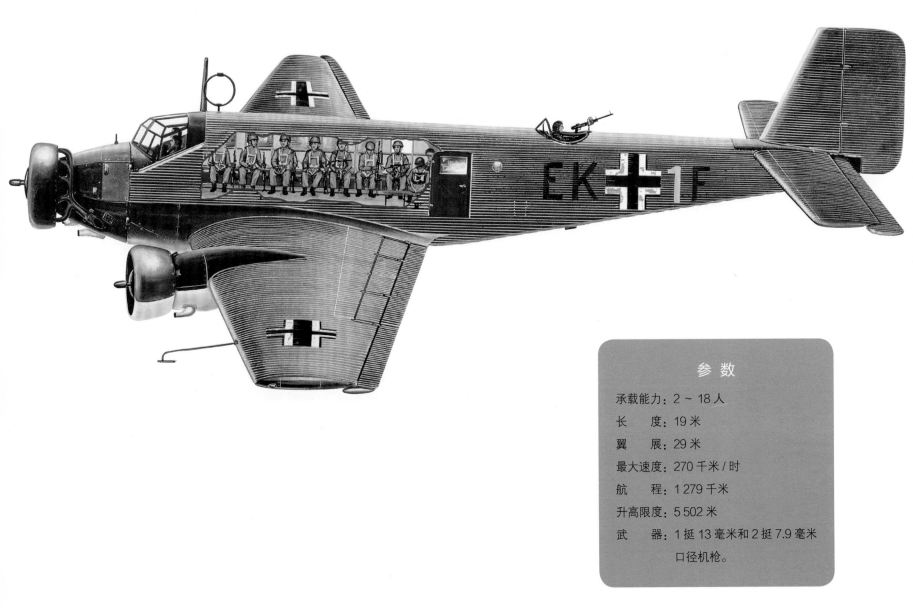

参　数

承载能力：2～18人

长　　度：19米

翼　　展：29米

最大速度：270千米/时

航　　程：1 279千米

升高限度：5 502米

武　　器：1挺13毫米和2挺7.9毫米
　　　　　口径机枪。

梅塞施密特 ME163B 彗星火箭截击机

★ 火箭截击机

这种飞机的起源可以追溯到 1938 年，当时利比希教授领导的一个团队负责生产一种适合使用液体燃料火箭发动机的飞机。这演变成了 DFS194——一种先进的无尾翼飞机，1940 年在佩内明德起飞，动力由一台沃尔特 HWK R.1 火箭发动机提供，速度达到 547 千米/时。此时，这个项目已经转交给梅塞施密特 A.G.，他开始设计一架名为 ME163 的高速版本的飞机。

这架原型机在 1941 年春天被测试成功。

这个结果并没有被空军忽视，他们抓住了这款飞机作为拦截机的潜力，并下令开发 ME163B 军用版本。尽管基本轮廓保持不变，但机身和机翼被重新设计，燃料容量增加，并配备了 2 门 30 毫米口径的机炮。

参　数

机组成员：1人

长　　度：5.7 米

高　　度：2.7 米

翼　　展：9.4 米

最大速度：959 千米 / 时

航　　程：8 分钟飞行时间

升高限度：12 040 米

武　　器：2 门 30 毫米口径机炮，24 枚
　　　　　R4M 型无制导火箭弹。

★ 远程侦察和反潜水上飞机

　　肖特"桑德兰"水上飞机的设计是为了满足英国空军对远程洲际飞机的需求。它与其它国家水上飞机有很多共同之处,但采用了更深的机体侧面设计,改进了武器装备,改变了尾部炮塔,以改善重心。这架四引擎原型机于1937年10月首次试飞。作为一种水上飞机,肖特"桑德兰"水上飞机有在水上航行、停泊和在海上抛锚的能力。

　　"桑德兰"水上飞机在英国空军服役始于1938年,"桑德兰"最初的目的是用于反潜和侦察,然而,它很快被证明在营救被鱼雷击中的机组人员方面是非常有用的。

参　数

承载能力：8 ~ 11 人

长　　度：26 米

高　　度：9.8 米

翼　　展：34.2 米

最大速度：341 千米 / 时

最大航程：4 828 千米

升高限度：4 570 米

武　　器：16 挺 7.7 毫米口径机枪、2 挺 12.7 毫米口径机枪，可携带 2 250 千克的炸弹。

沃特 OS2U 翠鸟水上飞机

★ 水上侦察飞机

二战期间，OS2U 翠鸟水上飞机是美国海军的重要侦察工具，巡逻中收集了重要的情报。

OS2U 翠鸟水上飞机是通过一个弹射器从主机上发射的，可以用起落架进行固定，通常装备在海上登陆舱上。在机身下面有一个巨大的浮体，两个小的浮体在机翼的尖端。

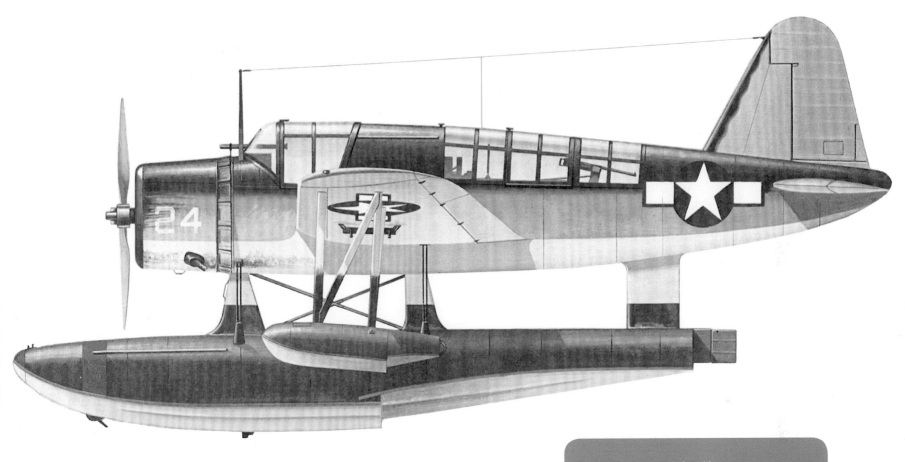

参　数

机组成员：2 人

长　　度：10 米

高　　度：3.1 米

翼　　展：10.7 米

最大速度：264 千米 / 时

最大航程：1 300 千米

升高限度：3 962 米

武　　器：2 挺 7.6 毫米口径 M1919 勃朗宁
机枪，载弹量 295 千克。